ROBERT KASPER

DIE FÜHRUNGS-DUE-DILIGENCE© –
DAS ERSTE BUCH ZUR FÜHRUNGS-DUE-DILIGENCE

IMPRESSUM

Bibliografische Informationen der Deutschen Nationalbibliothek
Die Deutsche Nationalbibliothek verzeichnet diese Publikation in der deutschen Nationalbibliographie; detaillierte bibliografische Daten sind im Internet über http://dnb.d-nb.de abrufbar.

2. Auflage 2018

Herausgeber: Robert Kasper, ABAEUS-Verlag
Grafik und Satz: Frank Georgy, kopfsprung.de
Korrektorat: Gunnar Römer, Wolken
Fotos: istockphoto, Roland Baege (Portraits R. Kasper)
Produktion: Abaeus Verlag, Köln

Gedruckt auf alterungsbeständigem Papier (säurefrei)
Printed in Germany

Abaeus Verlag für Sozialwissenschaften und Führung
Uferstraße 16
50996 Köln

Tel.: +49 2236 9696451

www.abaeus.de

ISBN 978-3-947124-05-3

ROBERT KASPER

DIE FÜHRUNGS-DUE-DILIGENCE©

DAS ERSTE BUCH ZUR FÜHRUNGS-DUE-DILIGENCE

REIHE HUMANISTISCHE BETRIEBSWIRTSCHAFT BAND II

ABAEUS

Exposee

Zweck der Führungs-Due-Diligence ist es, die bisherige Praxis der Due Diligence, die die Teilbereiche eines Unternehmens überprüft, auf die Unternehmensführung anzuwenden. Hierdurch wird eine Überprüfung des Unternehmens erreicht, die sich nicht wie bisher auf einzelne, betriebswirtschaftliche Aspekte beschränkt. Das hier vorgestellte Konzept der Führungs-Due-Diligence schließt diese Lücke in der Unternehmensbewertung. Dieses Konzept basiert auf den Erfahrungen und Erwägungen aus meiner jahrelangen Tätigkeit als Berater für Unternehmensführungen und wurde als weitreichende Orientierungs- und Anwendungshilfe konzipiert.

Robert Kasper, Köln, 02.03.2017

INHALT

VORWORT

Beim Verfassen dieser Schrift erinnerte ich mich an zwei Analogien, die auch Josef Ratzinger, der spätere Benedikt XVI, in seinem Buch „Einführung in das Christentum“ verwendete.[1]

Die Erste ist jene vom „Hans im Glück“, der bekanntlich einen Goldklumpen erhält, mit dem er bis an das Ende seiner Tage in Reichtum hätte leben und, mit etwas Geschick, das Kapital noch vermehren können.

Stattdessen gibt er das Gold der Reihe nach für ein Pferd, eine Kuh, eine Gans und einen Schleifstein, den er dann wegwarf, her. Er erhielt als Gegenleistung die köstliche Freiheit, die er mit dem Gold natürlich auch gehabt hätte. Unsere Führungskräfte und auch die Betriebswirtschaftslehre, die anderen Sozialwissenschaften, die

Natur- und Ingenieurswissenschaften mit ihren Fachrichtungen sowie das Unternehmertum in Deutschland sind aus der eigenen Kultur ähnlich reich beschenkt.

Auch diese werfen allzu bereitwillig das Erbe des über Jahrtausende erworbenen Wissens schrittweise über Bord.

Verantwortliche verlassen sich immer weniger auf ihren eigenen Verstand, geben ihre Erkenntnisse weg und orientieren sich an schön verpackten, nicht selten angelsächsischen Modellen. Diese werfen sie dann ebenfalls, weil überholt, wieder weg, bis sie vollkommen frei sind vom eigenständigen Denken. Leider spuken diese Reste in den Köpfen der Mitarbeiter, Studenten und auch zunehmend bei Professoren der Hochschulen weiter herum. Sie finden in scholastischer Vermengung Einzug in eklektische Werke.

„DAS FEUER HAT SICH SCHON IN VIELEN UNTERNEHMEN BREITGEMACHT."

Unternehmensführung ist etwas, das man mit dem Schatz der eigenen Kultur selbst gestalten und auch vermehren, also verbessern kann. Im Folgenden soll dazu aufgerufen werden, sich das zuerst zuzutrauen und dann auch zu tun.

Für diesen Aufruf habe ich an das zweite Gleichnis, das Josef Ratzinger schildert, gedacht.

Kierkegaard berichtet über den Clown und das brennende Dorf. Ein Zirkus war in Brand geraten und der Direktor schickte den Clown, der schon zur Vorstellung gerüstet war, in das benachbarte Dorf, um Hilfe zu holen, da die Gefahr bestand, dass das Feuer über die trockenen Felder auf das Dorf übergreifen könnte.

Der Clown rannte in das Dorf. Die Dorfbewohner hielten das Geschrei des Clowns lediglich für einen Werbetrick. Sie applaudierten und lachten. Der verzweifelte Clown versuchte den Menschen klar zu machen, dass es ihm ernst war. Doch je mehr er sich anstrengte, umso begeisterter reagierten die Bewohner und das Gelächter wurde immer lauter. Schließlich verbrannten der Zirkus und das Dorf.

Im Folgenden versuche ich mit dem Stilmittel der Analogie auflockernd zu zeigen, wieso wir uns im Bereich der Unternehmensführung in großer Gefahr befinden.

Wieso die große Zahl der angeblichen Retter, Coaches, Trainer, Berater, Human Ressource Manager, Organisationsentwickler und der Managementmodelle uns eher das Feuer als die versprochene Hilfe bringen. Es brennt bereits lichterloh. Das Feuer hat sich schon in vielen Unternehmen und Verwaltungen breitgemacht. Hier bietet der Film „Der Teufel trägt PRADA"[2] eine entsprechende Analogie.

Ich stelle hier die *Führungs-Due-Diligence*© vor. Sie soll den Schaden feststellen und Möglichkeiten bieten, das Feuer zu löschen, die Substanz zu erhalten, das Unternehmen auf die Zukunft vorzubereiten und nachhaltig auf Erfolgskurs zu halten.

Ich beginne, indem ich grundsätzlich schildere, was die Gefahren sind und was eine Due Diligence ist, um dann im Anschluss die *Führungs-Due-Diligence*© vorzustellen. Diese bietet den gewünschten Schutz und auch die zukunftsorientierten, wertebasierten Führungsmittel, um die Unternehmensführung stabil und kreativ zu gestalten.

Hiermit wird jetzt erstmals das Konzept der *Führungs-Due-Diligence* dargelegt.

EINLEITUNG

Zweck der *Führungs-Due-Diligence©* ist es, die bisherige Praxis der Due Diligence, die die Teilbereiche eines Unternehmens überprüft, auf die Unternehmensführung anzuwenden. Hierdurch wird eine Überprüfung des Unternehmens erreicht, die sich nicht wie bisher auf einzelne, betriebswirtschaftliche Aspekte beschränkt.

Zuerst stelle ich vor, was eine Due Diligence ist. Danach stelle ich die eigentliche „Führungs-Due-Diligence“ vor.

Eine Due Diligence ist eine Prüfmethode für Unternehmen. Die bisherigen Anwendungsfelder der Due Diligence beziehen sich hauptsächlich <u>nicht</u> auf die Unternehmensführung. Die Due Diligence findet meist anlassbezogen und am häufigsten beim Kauf oder Verkauf eines Unternehmens statt. Diese rein anlassbezogene Prüfung wäre in der *Führungs-Due-Diligence©* ein grober Fehler.

Die fundamentalen Probleme eines Unternehmens finden sich vor allem innerhalb der Unternehmensführung.

Nicht ohne Grund scheitern Zusammenschlüsse trotz positiver Ergebnisse in der bisherigen Form der Due Diligence. Auch geraten Unternehmen in eine Schieflage, obwohl die rein technischen, rechtlichen und rechnerischen Aspekte des Unternehmens funktional erscheinen.

„DIE ZAHLEN
UND DIE
BESTEHENDEN VERTRÄGE
ZU PRÜFEN,
REICHT FÜR EINE
ERFOLGREICHE
ZUSAMMENARBEIT
NICHT AUS."

Generell entspricht eine rein anlassbezogene Prüfung nicht der Sorgfaltspflicht eines guten Kaufmanns.

Der Grund für diese zweifache Schieflage liegt darin, dass bis heute keine Praxis etabliert wurde, innerhalb der eine systematische Überprüfung der *Unternehmensführung* regelmäßig stattfindet. Eine solche Prüfung ist tatsächlich aber dringend notwendig und überfällig.

Das hier vorgestellte Konzept der *Führungs-Due-Diligence*© schließt diese Lücke in der Unternehmensbewertung. Dieses Konzept basiert auf den Erfahrungen und Erwägungen aus meiner jahrelangen Tätigkeit als Berater für Unternehmensführungen und wurde von mir als Orientierungs- und Anwendungshilfe konzipiert.

Zuerst werden die Begriffe Unternehmensführung, Due Diligence, Risiko und Verantwortung genauer betrachtet. Dann werden die Dualität und die wechselseitigen Beziehungen innerhalb der Unternehmensführung dargestellt und im Sinne der Entwicklung einer *Führungs-Due-Diligence*© reflektiert.

N
NE
E
SE
S
SW
W
NW
0
20
40
60
80
100
120
140
160
180
200
220
240
260
280
300
320
340

WAS IST UNTERNEHMENS-FÜHRUNG?

Die Unternehmensführung hat eine zweifache Bedeutung. Der Begriff der „Unternehmensführung" findet sich im angelsächsischen Raum mit unterschiedlichen Bezeichnungen wieder, wie z. B. *General Management, Leadership, Strategic Management* u. v. m. Generell gilt, dass die Begriffe sehr unscharf verwendet werden.

Die Unternehmensführung bezeichnet:

1. Die Unternehmensführung als die handelnden Personen. Hier geht es um Personen, also Menschen mit einem Namen. Diese tragen Verantwortung, benötigen Kompetenzen und Qualifikationen.

2. Die Unternehmensführung als die instrumentelle Seite der Führung. Sie beschäftigt sich mit den Führungsgleichen Instrumenten. Hier geht es um Instrumente, die das gesamte Unternehmen mit seinen, je nach Blickwinkel relevanten, Einzelbetrachtungen (wie z. B. Marketing, Personal, Finanzen, Produktion etc.) ausrichtet. Diese Führungsgleichen Instrumente steuern indirekt das gesamte Unternehmen und richten die partikularen, jeweils relevanten Einzelbetrachtungen auf den Unternehmenserfolg hin aus. Solche Führungsgleichen Instrumente sind z. B.: Organe (wie Vorstand, Geschäftsführung, Aufsichtsrat etc.), Strategien, Projekte, Aufbauorganisation, Leitlinien usw. Auch die „Sozialkompetenzen", wie z. B. Verstehen, Zuhören, Empathie, Gesprächsführung etc. sind ein Führungsgleiches Instrument. Zu den Führungsgleichen Instrumenten in Kombination mit den handelnden Personen zählen auch die Prozesse der Führung.

„FÜHRUNG HAT EINE ZWEIFACHE BEDEUTUNG. DABEI WIRKEN BEIDE ASPEKTE AUFEINANDER EIN UND SIND IN EINEN PROZESS EINGEBUNDEN."

ZUM BISHERIGEN VERSTÄNDNIS VON DUE DILIGENCE

Unter Due Diligence (engl. für *gebührende Sorgfalt*) wird die sorgfältige Prüfung und Analyse eines Unternehmens verstanden. Dies insbesondere im Hinblick auf seine wirtschaftlichen, rechtlichen, steuerlichen und finanziellen Verhältnisse, die durch den potenziellen Käufer eines Unternehmens vorgenommen wird.

Ziel einer Due Diligence ist es, sich so weit wie möglich abzusichern und sicherzustellen, dass die Annahmen und Voraussetzungen, auf die sich ein Kaufangebot für ein Unternehmen bezieht, zutreffen und alle relevanten Risiken identifiziert wurden.[3]

Die Durchführung einer Due Diligence wird von Fachleuten des Käuferunternehmens und unter Zuhilfenahme von externen Beratern vorgenommen. Im Rahmen dieser Prüfung werden verschiedene Informationsquellen genutzt, insbesondere Unternehmensunterlagen bzw. -daten analysiert und Gespräche mit dem Management des Zielunternehmens geführt.[4]

Eine Due Diligence bezieht sich dabei in der Regel auf verschiedene Teilbereiche, wie die Financial Due Diligence (Prüfung der finanziellen Lage), Market bzw. Commercial Due Diligence (Marktanalyse, Analyse des Geschäftsmodells), Legal Due Diligence (Prüfung rechtlicher Aspekte) und Tax Due Diligence (Prüfung steuerlicher Aspekte). Formen der kulturellen, technischen, mitarbeiterbezogenen sowie der umweltbezogenen Due Diligence sind zunehmend von großer Bedeutung. Eine Due Diligence findet insbesondere vor Abschluss des Unternehmenskaufvertrages statt, wobei manche Teilaspekte auch danach durchgeführt werden können.

Financial Due Diligence
Prüfung der finanziellen Lage

Market bzw. Commercial Due Diligence
Marktanalyse, Analyse des Geschäftsmodells

Legal Due Diligence
Prüfung rechtlicher Aspekte

Tax Due Diligence
Prüfung steuerlicher Aspekte

Da die Due Diligence im Wesentlichen dazu dient, unternehmerische Risiken abzufangen bzw. zu erkennen, wird im Folgenden zunächst der Begriff „Risiko" vorgestellt. Dann wird entwickelt, weshalb sich die Risiken für moderne Unternehmen zusehends in den Bereich der Unternehmensführung verlagert haben, wie die Unternehmensführung sich geändert hat und was sie von der klassischen Betriebswirtschaftslehre unterscheidet.

„DIE DURCHFÜHRUNG EINER HERKÖMMLICHEN DUE DILLIGENCE IST NOTWENDIG, ABER NICHT AUSREICHEND."

International
20%
18%
16%
14%
12%
10%
NA

DER RISIKOBEGRIFF ALS EIN ZENTRALER BESTANDTEIL DER DUE DILIGENCE

Zur Zeit der ersten Globalisierung hatte die Begriffsbedeutung, die sich aus dem Spanischen herleitet, die größte Relevanz. Das spanische „Risco" bedeutet Riff. Es waren die unbekannten Riffe, die die größte Gefahr (und damit ein Risiko) darstellten. Ein Risiko ist das Sich-Stellen der Unbekanntheit und das Sich-Aussetzen einer Gefahr.[5]

Das Schiff und die gesamte Ladung waren meistens verloren, wenn man auf ein Riff lief. Andere Risiken waren Piraten, Stürme, Krankheiten und vergleichbare Aspekte. Während das Risiko bei unbekannten Gewässern, unabhängig von Wissen, Fähigkeiten und Kenntnissen des Kapitäns besteht, gestaltet sich die Situation bei der Navigation in bekannten Gewässern dennoch ähnlich riskant. Daran hat sich bis heute nichts geändert.

Die Unternehmensführung besteht aus den Personen und den Instrumenten. In der Seefahrt kam es auf die Verantwortung des Kapitäns, seine Kenntnisse und sein Wissen an. Damals wie heute sollten die Führungskräfte der Unternehmen nicht nur die bestehenden Risiken kennen, sondern Risiken selbst bewusst eingehen.

Es gibt Gefahren, die tatsächlich Risiken darstellen, da es sich um unbekannte Größen handelt, die eben noch nicht erschlossen sind. Im Falle der ersten Seefahrer waren dies etwa noch nicht kartographisch erschlossene Meere. Solche Faktoren sind tatsächliche Risiken, gegen die man in diesem Sinne auch nichts tun kann, außer sie retroaktiv durch das Bekanntmachen als Gefahren zu beseitigen. Darüber hinaus gab es noch andere Gefahren, wie ein nicht ausreichend geschulter Kapitän oder technische Mängel. Solche Gefahren können, im Gegensatz zu den Risiken, durch Vorbereitung abgewandt werden.

Im Sinne der heutigen Unternehmensführung sind solche „Gefahren" all jene Bereiche, die durch aktive Gestaltung bearbeitet werden können. Die Instrumente können überprüft werden. Die Risiken sind heute nicht von derselben Natur wie die Riffe damals, sondern vielmehr selbst erzeugt. Es gibt in der Führung tatsächlich nur noch selbst konstruierte Risiken, da die Welt als solche bereits hinlänglich erschlossen ist und die Gefahren erkennbar und kalkulierbar sind.

In der aktuellen Phase der Globalisierung gibt es demnach eigentlich keine Ausreden mehr. In unserer Zeit muss die seriöse Antwort lauten: sämtliche Gefahren ruhen in uns. Es gibt im Außen keine Gefahren mehr. Demzufolge wäre es eine irrgeleitete Annahme, dass die Faktoren für den Unternehmenserfolg im Außen liegen. Tatsächlich sind die Parameter und der Umgang damit intrinsische Angelegenheiten, die alle in der Steuerbarkeit der Führung liegen.

Die Gefahr liegt somit in der ungeeigneten Führung selbst. In diesem Sinne können die Gefahren tatsächlich im Verborgenen liegen (und damit Risiken darstellen), weil der Akteur kein Bewusstsein für die eigene Fehlbarkeit aufweist, die diese Gefahr erst entstehen lässt. Dazu gehören u. a. übernommene Führungslehren, nicht ausreichend ausgebildete Führungskräfte und ungeeignete Führungsgleiche Instrumente bzw. Berater.

Die *Führungs-Due-Diligence©* richtet zuerst den Blick nach innen. Sie evaluiert, welche Gefahren erzeugenden und mangelhaften Führungsgleichen Instrumente wirken. Oftmals werden über fehlerhafte Führungslehren Schwierigkeiten in Personen gesucht, die doch viel eher auf der Ebene der führungsgleichen Instrumente und somit in den in Anwendung befindlichen Führungsmethoden liegen.

Es wird mit anderen Worten zu viel herumpsychologisiert und individuell diagnostiziert. Die Fragen der klassischen Unternehmensführung, wie auch der etablierten Due Diligence Praxis, sind bekannt. Sie entsprechen dem Kenntnisstand der Betriebswirtschaftslehre und stellen somit heute lediglich noch fachliche Qualifikationsansprüche an die Führung und die mit der unterstützenden Arbeit Betrauten. Dies sind u. a.. Stabsstellen, Abteilungen, Projektteams oder Berater. An der Führungskraft liegt es, die Erkenntnisse der Berater auszuwerten und zu entscheiden. Die Führungskraft stellt dabei das denkbar größte Risiko im Unternehmen dar. Unternehmertum besteht zu einem Gutteil aus der Schaffung, der Bewertung und dem Eingehen von Ri-

> „DIE WELT IST VERMESSEN.
> DIE RISIKEN
> LIEGEN IN DEN
> MENSCHLICHEN AKTEUREN."

siken. Hierfür wird der Risikoaufschlag kalkuliert und auch bezahlt. Nur so lassen sich die bezahlten Gehälter auch rechtfertigen. Eine „risikofreie Zone" für Top-Manager entspricht nicht dem Grundgedanken der Marktwirtschaft. Bisher betrachten die Unternehmer und ihre eingesetzten Führungskräfte sich selbst aber zu selten aus diesem Blickwinkel. Dies ist jedoch dringend angesagt. Eine Überprüfung der Führungsarbeit muss schneller und regelmäßiger stattfinden. Dies zu gewährleisten ist eine der vornehmsten Verantwortungen von Aufsichtsgremien, dies zu realisieren und umzusetzen Aufgabe der Vorstände und Geschäftsführer.

Der Risikobegriff und der Verantwortungsbegriff sind zum Verständnis der *Führungs-Due-Diligence©* von entscheidender Bedeutung. Da die bekannte Due Diligence eine Art Risikobewertung darstellt, ist es umso verwunderlicher, dass das wesentlichste Risiko in der heutigen Zeit nicht untersucht wird, nämlich die Unternehmensführung selbst. Diese Ausgangslage wird im Folgenden zuerst dargelegt, die zu lösenden Problemfelder aufgezeigt und die entsprechenden Lösungen dargestellt. Anschließend wird ein offenes, handlungsdiagnostisches Verfahren vorgestellt, das sowohl die Risiken erkennt als auch die Führung stärkt. Zuvor wird noch der Verantwortungsbegriff erläutert.

DER VERANTWORTUNGS-BEGRIFF IM SINNE DER FÜHRUNGS-DUE-DILIGENCE

In aller Kürze ein paar Bemerkungen zur Geschichte des Begriffs: Als Begriff in der Ethik gewann Verantwortung erst im vergangenen Jahrhundert wesentlich an Bedeutung. In der Antike und im Mittelalter fand sich das Thema der Verantwortlichkeit primär implizit bei der Abhandlung von Themen wie Schuld und Zuweisung.[6]

Für das Verständnis im Sinne der *Führungs-Due-Diligence©* ist unter anderem die Theorie der Verantwortung von Max Weber interessant, der zwischen Verantwortungsethik und Gesinnungsethik differenzierte.[7]

Die Verantwortungsethik ist dabei orientiert an den (vorhersehbaren) Folgen des Handelns, während sich die Gesinnungsethik an der Zugehörigkeit und der sich daraus ergebenden Erfüllung von Pflichten gegenüber einer bestimmten Gruppe (z. B. Religionsgemeinschaft, Arbeitgeberverband, Freimaurer, Managementlehren, politische Parteien usw.) orientiert. Max Weber sieht hierin zwei grundsätzlich unvereinbare Maximen, die zwar nicht absolut gegenläufig sind, wohl aber sehr unterschiedliche Orientierungssysteme markieren und in einem Spannungsverhältnis stehen.[8]

Heute wird zunehmend die Umwelt als ein eigenständiger Aspekt in Szene gesetzt. Ein Vertreter dieser Denkrichtung ist Jonas mit seinem Buch „Das Prinzip Verantwortung".[9]

Das ist ein netter Gedanke. Es bleibt jedoch dabei, dass auch die Umwelt ohne gute Führung nicht zu retten ist.

Verantwortung besteht nach zeitgenössischer Auffassung aus vier Elementen: Subjekt, Objekt, Instanz und Wertesystem. Das Verhältnis kann so zusammengefasst werden: Ein Subjekt ist für ein Objekt in Bezug auf ein Wertesystem vor einer Instanz verantwortlich.

Ein Problem, das insbesondere im Hinblick auf die Unternehmensführung relevant ist, entsteht aus der ungeklärten Verantwortung bei Kollektiven. Unternehmen, Regierungen, aber auch Kleingruppen oder Teams sehen sich mit diesen Problemen häufig konfrontiert. Verantwortung ist nicht selten ungeklärt und damit also keinem Subjekt eindeutig zuordenbar.

Gerne wird abgestritten, verantwortlich zu sein. Das wird von den Aufsichtsgremien, über den Vorstand und bis hin zu den sogenannten Top-Beratern nicht selten vorgelebt. Gleichzeitig wird in die Selbstdarstellung zu viel investiert.

Ein Beispiel aus der jüngeren Vergangenheit, das diese Problematik nachvollziehbar werden lässt, ist die Posse um den Berliner Großflughafen. Dabei wurden ab einem gewissen Zeitpunkt nur noch Verantwortlichkeiten verschoben und Umplanungen vorgenommen. Die Akteure überboten sich gegenseitig darin, sich – mehr oder weniger gekonnt – aus der Verantwortung zu nehmen. Der ursprüngliche Etat, vom Starttermin gar nicht zu reden, konnte so natürlich nicht eingehalten werden. Eine lesenswerte Darstellung der Gesamtzusammenhänge findet sich in der Ausgabe des Handelsblatts vom 08.06.2012.[10]

Im Hinblick auf das Objekt erfolgt die Zuschreibung immer retrospektiv. Wenn etwa die Eltern für das Wohl der Kinder verantwortlich sind, kann nicht das Wohlergehen der Kinder als Bemessungsgrundlage für das Erfüllen der Verantwortlichkeit herangezogen werden. Zum einen ist das Wohlergehen in eine Messbarkeit zu übersetzen und zugänglich zu machen. Zum anderen kann nur das als Verantwortlichkeit bewertet werden, was von den Eltern erwartet wird, damit das Wohlergehen des Kindes auch tatsächlich realisiert wird. Sie sind allerdings nicht dafür verantwortlich, dass es dem Kind tatsächlich gut geht, da hierfür auch Faktoren zum Tragen kommen können, die nicht im Einflussbereich der Eltern liegen. Analog dazu lässt sich gutes Führungsverhalten auch nicht am Verhalten oder den Leistungen des Mitarbeiters messen. Obwohl ein wesentlicher Zusammenhang zwischen dem Führungsverhalten und der Leistungserbringung besteht.

Wertesysteme erfordern eine Theorie der Verantwortung. Neben dem erwähnten Kriterium der Zuschreibung braucht es auch ein Kriterium der (zu erwartenden) Folgen. Am Beispiel der ethischen Bewertung von Abtreibung lässt sich dies gut nachvollziehen: Je nach Wertesystem kann eine Abtreibung gleichzeitig von verschiedenen Vertretern derselben Gesellschaft als ethisch richtig und falsch bewertet werden. Es bedarf also einer Einigung.

In Bezug auf moralische Fragestellungen ist allerdings kein Konsens zu erwarten. Deshalb wird in Unternehmen auf der „Normen"-Seite der Verantwortung zu entscheiden sein. Mitglieder einer Organisation oder Institution sind gewissen Werten verpflichtet, diese sind aber nicht notwendigerweise allgemeingültig. Die Hauptverantwortung eines Managers etwa ist ein gutes Geschäftsergebnis, trotzdem aber entbindet ihn dies nicht von einer ethischen Verantwortung gegenüber den Stakeholdern und dem Unternehmenszweck.

Das vierte Element, die Instanz, tritt dann auf den Plan, wenn wir dieser gegenüber Antwort schuldig sind, also „Antwort geben" müssen. Gegenüber verschiedenen Instanzen gibt es unterschiedliche Arten der Verantwortung. Bei moralischen Fragen ist es wesentlich, welcher Instanz gegenüber ich in Verantwortung stehe. Ist dies etwa meine Kirche, meine Partei, mein Gott oder mein Gesetzgeber? In der abendländischen Geschichte ist hier spätestens seit der Aufklärung und im Rekurs auf die griechischen Philosophen eine Tendenz der Verlagerung der Verantwortlichkeit zu beobachten. Wo diese vorher gegenüber Gott bestand, ist sie ab dann eher gegenüber dem Gewissen angelegt.

Umgelegt auf den Kontext der Unternehmensführung ist wesentlich, dass der Verantwortungsbegriff im Unternehmen nicht übergangen wird. Tatsächlich liegt die größte Gefahr darin, dass das Kollektive (und damit Diffuse) an die Stelle der individuellen (und damit konkreten) Verantwortung tritt. Wenn das Individuum keine Verantwortung mehr trägt, lässt sich ein Unternehmen auch nicht mehr führen. Auch wenn einige systemische oder systemtheoretische Ansätze das Gegenteil behaupten. In der *Führungs-Due-Diligence©* ist die Klärung und richtige Zuordnung von Verantwortung somit ein ganz wesentliches, entscheidendes Prinzip.

AKTUELLE AUSGANGSLAGE IN DER BISHERIGEN ANWENDUNG DER DUE DILIGENCE

Nachdem nun die Begriffe „Verantwortung" und „Risiko" im Kontext der Unternehmensführung etabliert wurden, wird jetzt die aktuelle Situation reflektiert. Es wird aufgezeigt, in welchen Problemlagen sich die Unternehmensführungen heute befinden.

Einer der Hauptgründe für den bisherigen Mangel an einer strengeren Prüfung der Unternehmensführung ist sicherlich, dass die Unternehmensführung hier selbst mit auf dem Prüfstand steht. Zu Recht lassen sich gute Führungskräfte ungern von Psychodiagnostikern offiziell einschätzen, nicht zuletzt aufgrund berechtigter Vorbehalte hinsichtlich der Qualität und Anonymität der Verfahren. Tatsächlich scheint allerdings durchaus eine gewisse Bereitschaft dazu vorhanden zu sein, mehr oder weniger fundierte psychologische Beratungsdienstleistungen und Tests in Anspruch zu nehmen. Dies wird alleine durch die Menge an angebotenen Tests und Testverfahren evident und deckt sich auch mit meiner persönlichen Erfahrung in der Beratung.

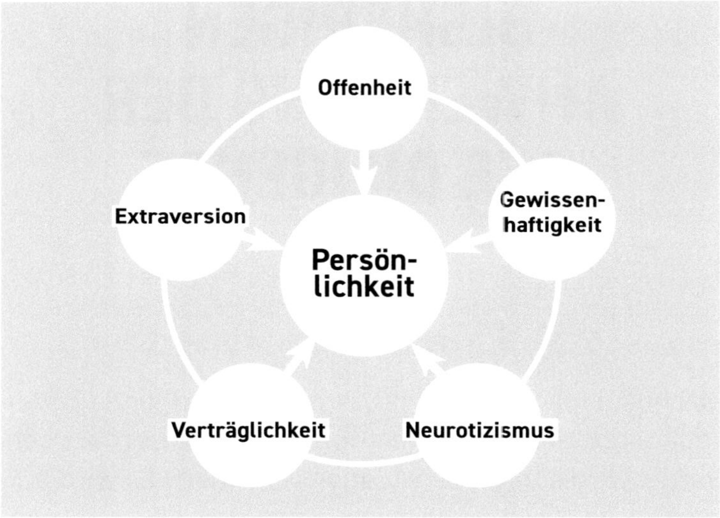

Dieses Schaubild illustriert eines der vielen Modelle, durch die Beratungsunternehmen mit klangvollen Namen vorgeben, Führungskräfte einschätzen zu können. Alleine die Suche nach dem Begriff „Persönlichkeitsprofile" ergibt in der deutschen Version von Google aktuell über 66.000 Ergebnisse (Stand: September 2017). Wenn man nun überlegt, dass ein Teil dieser unbrauchbaren Modelle tatsächlich in Unternehmen durchgeführt wird, kann man den daraus entstehenden volkswirtschaftlichen Schaden ungefähr abschätzen.

Die bisherigen Modelle zur Einschätzung von Führungskräften, wie etwa Persönlichkeitsprofile, Assessments, Kategorisierungen und andere gängige Methoden, greifen nicht nur zu kurz, sondern sind im Kontext der Unternehmensführung auch unbrauchbar. Sie berücksichtigen nicht, dass die Unternehmensführung sich aus zwei Bestandteilen zusammensetzt, die sich aufeinander beziehen und wechselseitig das Verhalten beeinflussen (siehe Ausführungen weiter vorne).

Situationen, wie etwa im Zuge des „Abgasskandals" um den Volkswagenkonzern, entstehen in der Regel daraus, dass sich die Unternehmensführung anstatt auf das Kerngeschäft (in diesem Falle die Produktion von Automobilen) zu fokussieren, durch andere Maßnahmen (z. B. Marketing) die Produkte in ein anderes Licht rückt und damit in der Folge eine Verblendungsstruktur Einzug hält. Anstatt im unternehmerischen Sinne ein kalkulierbares Risiko einzugehen, entsteht eine schlecht zu kalkulierende Gefahr, indem die Tätigkeit auf ein Feld außerhalb der eigentlichen Kompetenz und Zielsetzung verlagert wird. Der Begriff der „doxa" aus Platons Giorgias drängt sich hier auf: Tatsächlich rückt die „Wahrheit" zugunsten eines Scheins in den Hintergrund und schwächt somit in der Folge die Gesamtorganisation.[11]

Die Organisation schwächt sich selbst und erzeugt Symptomträger – Menschen sehen sich von Entlassungen bedroht, fühlen sich mit der rechtlichen Situation überfordert und entwickeln Symptome (Somatisierungen, Depressionen, „Burnout" etc.). Die Gefahr ist sehr hoch, dass durch solche fehlgeleiteten Führungsmethoden Strukturen entstehen, die die Menschen in schwierige psychische Zustände führen. Eine derzeitig häufig praktizierte Methode ist die Schulung von Führungskräften auf dem Feld der Psychodiagnostik, damit diese evtl. psychische Probleme ihrer Mitarbeiter schneller erkennen. Dieses Vorgehen ist ungeeignet". Schon gar nicht sollten die Mitarbeiter auf dieser Basis an Trainer, Berater, Coaches oder Psychotherapeuten weitergereicht werden. Dieser ungeeignete Weg verhindert, die Probleme dort zu erkennen, wo diese entstehen. Es entstehen hierdurch nur hohe Kosten und die Probleme werden weder identifiziert noch gelöst. So kommen falsch verstandene Hilfsprogramme zur Anwendung, die das eigentliche Problem nicht lösen. Man kann hier das Bild von Eltern evozieren, die ihre Kinder erst schlagen und dann in den Arm nehmen, um sie zu trösten. Es fehlt in diesem Sinne also die Grundtugend der Klugheit.[12]

Eine gesunde Unternehmensstruktur, die emotional stabile Mitarbeiter in ihrer Position festigt und Kreativität ermöglicht, geht über oberflächliche, populäre bis populistische Maßnahmen (Bezahlen von Fitnessstudio, Getränke am Arbeitsplatz, eifrige HR-Abteilungen, Coachings, „Incentives" usw.) hinaus. Tatsächlich ist eine Art des Umgangs, also eine Unternehmenskultur, zu erzeugen, die respektvollen, aber auch transparenten Austausch ermöglicht. Zu differenzieren ist hier auch klar von einer Kultur, in der alles „richtig" ist, im Sinne einer fingierten Harmonie.

Aussagen wie „Es gibt keine Fehler" oder „Es gibt keine Probleme" sind irreführend und verhindern die Entwicklung von Kompetenz und Selbstbewusstsein.

Die Unternehmensführung als Person hat selbst zu erarbeiten, was die Ausrichtung und die Orientierung in der Führung geben soll. Dabei wirkt dies direkt auf sie selbst zurück.[13] Hierbei ist einer der Kardinalfehler bereits die Art der Erarbeitung: Eine häufig vorzufindende Delegation an Abteilungen oder Externe bis hin zur versuchten Übernahme fertiger Führungsmodelle ist tatsächlich ein Grund für große Risiken in der Unternehmensführung. Sobald originäre, unteilbare Verantwortlichkeiten delegiert werden, ist die Führungsarbeit des Unternehmens in großer Gefahr. Sie setzt sich unkalkulierbaren Risiken aus. Desorientierung, Mikropolitik, höfisches Verhalten, informelle Strukturen, zu viele Berater und Stabsabteilungen, hohe Kosten für HR-Abteilungen und deren Maßnahmen, Doppelarbeiten oder brachliegende, strategisch notwendige Arbeiten sind häufig auftretende Risiken. Oftmals dienen derartige Maßnahmen – wie aktuell z. B. die Stärkung der „Resilienz" – primär dazu, von bestehenden Führungsschwächen abzulenken. So wird die notwendige Konfrontation mit der Führungssituation umgangen und die Probleme bleiben bestehen. Dies wiederum führt dazu, dass die Probleme in den Mitarbeitern lokalisiert werden, um an deren Resilienz zu arbeiten. Dies gleicht der Situation wenn schwierige Eltern, die sich vorher am Therapiemarkt Methoden ausgesucht haben, dann ihre Kinder in diese Therapieformen schicken. Hiermit ist nichts gegen das Konzept der Resilienz gesagt. Diese ist Bestandteil einer jeden guten, humanistischen Therapieform und gehört auch in die Präventivarbeit.

DIE SITUATION IN DER UNTERNEHMENSFÜHRUNG HEUTE

In Unternehmen wirken, wie auch in der Welt, u. a. folgende drei Parameter: Zeit, Raum und Macht. Über die Organisation dieser Parameter ordnen sich die Gesellschaft und damit auch die Unternehmen. Durch die Benennung und Kategorisierung dieser Parameter entsteht Distanz. Kreativität, die in vielen Unternehmen als Mangelphänomen zusehends erkannt wird, entsteht aus der Nähe und aus dem direkten Engagement in einer Situation. Kreativität kann aber auch aus dem Wechsel zwischen Engagement und Distanzierung entstehen.[14] [15]

Unternehmen gab es bereits vor der etablierten Betriebswirtschaftslehre, genauso wie es die Welt(en) gab, bevor die Begriffe definiert wurden, die die Welt(en) beschreiben.[16] Eine dieser Welten ist die Welt der Wirtschaft oder Betriebswirtschaft. Die Beschreibung des Betriebs in der Entwicklung der Betriebswirtschaftslehre ist erwachsen aus der Beobachtung und Benennung bereits bestehender Strukturen. Die Betrachtung der einzelnen Bereiche ließ Fachgebiete entstehen. So ist etwa die begriffliche Differenzierung zwischen Kosten und Ausgaben ein taugliches Beispiel dafür, wie ein nach außen hin gleiches Phänomen in der begrifflichen Dimension, zu Recht, unterschieden wird.

Die Begrifflichkeiten wurden im Zuge der theoretisch-wissenschaftlichen Aufarbeitung weiterentwickelt und aus ihnen entstanden die Fachrichtungen, wie etwa Absatz, Produktion, Handel, Kostenrechnung oder Leitung. Die Unternehmensführung, insbesondere im Sinne der *Führungs-Due-Diligence©*, muss als mehr verstanden werden als die Summe der Teile. Hierauf weist Wöhe bereits früh in den 80er Jahren des letzten Jahrhunderts hin. Dieser erläutert, dass die wissenschaftliche Behandlung der klassischen betriebswirtschaftlichen Fächer zum Stillstand gekommen ist und die Unternehmensführung zukünftig eher eine Kunstfertigkeit und kreative Vernetzung des Bestehenden erfordert, als die bis dahin hauptsächlich gelehrte, gründliche Anwendung der Fachgebiete.[17/18]

Die Reduktion von Komplexität erfolgt durch Kreativität und Struktur. Sie bringt neue Modelle und Theorien hervor. Die über den Prozess der Reduktion von Komplexität entstandenen Modelle werden oft fälschlicherweise als neue Realität angenommen. Dies geschieht, weil sie mit nomoligischen Definitionen verwechselt werden. Diese entstehen daraus, dass Modelle zu Vorschriften bzw. Gesetzen erhoben werden, wie z. B. das System der doppelten Buchführung. Um dies zu verdeutlichen, bedienen wir uns in der Folge eines erkenntnistheoretischen Gedankenexperiments.

„NEBEN DER KLASSISCHEN BETRIEBSWIRTSCHAFTSLEHRE TRÄGT DIE KUNST DER FÜHRUNG AUF WISSENSCHAFTLICHER BASIS WESENTLICH ZUM ERFOLG BEI."

EIN ERKENNTNIS-THEORETISCHES GEDANKEN-EXPERIMENT

Das folgende Gedankenexperiment bezieht sich auf ein von Prof. Dr. Vilaghy vorgebrachtes Beispiel.[19]

Stellen Sie sich einen Bildhauer vor, dem eine junge Dame als Akt Modell sitzt. Der Bildhauer versucht eine idealtypische Abbildung in Stein zu meißeln. Wer oder was ist hier das Modell? Lassen Sie sich einen Moment Zeit und lesen Sie die Antwort erst, wenn Sie sich selbst entschieden haben.

Wenn Sie die Frau als Modell ansehen, dann geht es Ihnen wie vielen Menschen, die eine Führungslehre einkaufen wollen um damit zu führen. Sie kaufen ein Modell, um danach die Realität zu formen. Hierin liegt der Grund für das Scheitern der meisten Führungslehren.

Auch werden diese mit Erkenntnissen der Betriebswirtschaftslehre verwechselt, die durch normative Akte zu Realitäten geworden sind, wie z. B. die Buchhaltung oder das Steuerrecht. Zusätzlich werden für jede Generation neue Führungslehren entwickelt. Es werden für sämtliche Geburtenjahrgänge (Stichwort „Millenials", Generation Z etc.) neue Führungskonzepte ausgerufen. Spezialisten entwerfen Modelle und geben diesen scheinbar normativen Charakter. Die Führungskräfte, die ja sonst den Kampf um die besten angeblich verlieren, versuchen sich mehr oder weniger daran zu halten. Neue Modelle werden aktuell beständig ersonnen und in den Markt geschoben. Diese werden minimal verändert und als originäre Neuschöpfungen verkauft. So werden die bestehenden Pathologien bedient und nicht bearbeitet, geschweige denn aufgelöst.

Dies sind keine kreativen Akte, da die Ergebnisse nicht zum gegenseitigen Nutzen beitragen, sondern die Probleme lediglich perpetuieren.

Dementsprechend ist die Antwort „Fünf." auf die Frage „Was ist zwei plus zwei?" nicht kreativ, sondern bestenfalls spontanes Irresein (vgl. dazu Moreno: „WHO SHALL SURVIVE").[20]

Diese Konzepte werden auf Messen und Vorträgen HR-Managern und Personalern vorgestellt, an die die Führungskräfte diesen Teil der Verantwortung delegiert haben. Ein unhaltbarer und kostenintensiver Zustand.

Es gibt aktuell viele unterschiedliche „Heilslehren“, die durch die Welt gehen. So waren jüngst z. B. Begriffe wie „Resilienz“, „Agilität“, „digital Mindset“ bis hin zum Konzept „Führungskraft als Coach“ von fast hypnotischer Wirkung. Diese Führungslehren bzw. Managementmodelle verkaufen sich deshalb, weil die meisten Unternehmen ihre Hausaufgaben nicht machen. Es fehlt an guter Unternehmensführung. Gut ist die Führung u. a., wenn sie Orientierung gibt, Verantwortung überträgt und für geeignete Rahmenbedingungen sorgt. Darin können sich die aus dem Resilienz-Ansatz oder anderen Konzepten geforderten Qualifikationen oder Kompetenzen durchaus wiederfinden. Entscheidend ist, dass sie sowohl strategisch sinnvoll als auch operativ notwendig sind. Letztlich ist Führung dann erfolgreich, wenn ihr Sinn verstanden wird. Die Unternehmensführung ist für die Mitarbeiter dann sinnvoll, wenn die eingesetzten führungsgleichen Instrumente stimmig sind und sich nicht widersprechen. Denn nur dann können die Führungskräfte und Mitarbeiter danach leben und diese anwenden. Bevor an den Menschen mit Therapeuten, Organisationsentwicklern, Trainern und Coaches gearbeitet wird, sollten die Hausaufgaben der Führung gemacht sein.

Um sie anwenden zu können, haben die Führungskräfte die führungsgleichen Instrumente selbst zu entwickeln und zu testen. Diese Aufgabe darf unter keinen Umständen delegiert werden. Das ergibt sich aus der doppelten Natur der Unternehmensführung. Hierin liegt der Grund, weshalb eine *Führungs-Due-Diligence*© umfassend etabliert werden muss.

STATUS QUO DER FÜHRUNGSLEHREN

In Unternehmen wechseln Führungskräfte mehr oder weniger häufig: Beim Verkauf, bei Fusionen, bei Zusammenschlüssen und in Inhaber geführten Unternehmen oft erst bei Eintritt des entsprechenden Alters des Inhabers. Die meisten Führungskräfte eint dabei, dass sie die angewandten Führungskonzepte und die eigenen Vorstellungen nicht vollständig selbst durchdacht und diese auch nur selten einer gründlichen Überprüfung unterzogen haben.

Jeder Mensch, und damit auch jede Führungskraft, bringt aus der eigenen Sozialisation und späteren beruflichen Entwicklung eine Reihe von Vorstellungen, Werten und Managementideologien mit. Diese beruhen auf teils unbewussten „Glaubenssätzen", die dann auf die Menschen treffen, die im Unternehmen tätig sind. Diese

> „DIE KONFRONTATION MIT DEN EIGENEN GRUNDANNAHMEN DER FÜHRUNG VERUNSICHERT. DIESE VERUNSICHERUNG IST ZUGLEICH DIE VORRAUSSETZUNG FÜR EINE SELBSTBEWUSTE UND STABILE FÜHRUNG."

wiederum verfügen analog über ein eigenes Menschenbild[21] und einen eigenen Kanon an Wertvorstellungen und Ideologien. Für beide existieren die im Unternehmen vorhandenen führungsgleichen Instrumente. Diese selbst beruhen nicht selten auf wenig geprüften Modellen und Methoden. Hieraus ergibt sich ein Wirkungsdreieck. Dieses beinhaltet einerseits alle Chancen für eine gute Unternehmensführung und andererseits die eingangs beschriebenen und die darüber hinaus gehenden Risiken.

Im Verlauf der letzten siebzig Jahre ist eine große Zahl von Managementansätzen entstanden, die sich teilweise aus gruppen- und einzeltherapeutischen Verfahren,

sozialpsychologischen Untersuchungen und Theorien aus der Betriebswirtschaft und Soziologie ableiten. Sie verfügen über eine doppelte Genesis. Einerseits aus der empirischen Forschung der Führung, die wesentlich in angelsächsischen Ländern ihren Ursprung hat und dort auch weiterhin gepflegt wird. Diese haben in den Hawthorne-Experimenten von Roethlisberger und Dickson 1928 ihren Start genommen.[22] Dieser empirisch zählenden, rechnerisch messenden Untersuchung steht die zweite Form der eher europäischen Führungsforschung entgegen, die als Gegenbeispiel zur etwa gleichen Zeit u. a. von Max Weber repräsentiert wird und in einer langen Reihe den, dem wesentlichen Denken zugewandten Akteuren, verbunden ist. Diese Linie zieht sich von Platon, Aristoteles, Machiavelli, J. S. Mill, Thomas von Aquin, Montesquieu u. v. a. bis heute durch.

Aus dem unbedingten Empirieglauben entstehen Schieflagen, weil der Blick auf die wesentlichen Dinge verstellt ist. Vieles kommt aber erst durch das wesentliche Denken in die Welt und kann, wenn überhaupt, erst später durch die Empirie verifiziert werden. Dabei sind etwa aus dem Bereich der Naturwissenschaften jene Erkenntnisse aus der Physik zu erwähnen, die zunächst als Hypothesen begannen und teils erst Jahrhunderte später durch den technologischen Fortschritt bewiesen werden konnten. Oder auch die grundlegenden Erkenntnisse von Max Weber, u. a. im Hinblick auf die Handhabung der öffentlichen Verwaltung und der Wirtschaft.[23]

Aktuell werden überdies auch bevorzugt Ansätze aus der Hirnforschung und der Ökologie hinzugezogen. Es entwickeln sich haltlose, pseudophilosophische Ansätze und eine kaum noch zu überblickende Vielzahl von Einzeldisziplinen und deren mehr oder weniger gut ausgebildeten Protagonisten, wie etwa Trainer, Coaches und Berater. Diese haben über die Jahre eine ganze Reihe von ideologischen Modellen über die Führungskräfte ausgeschüttet und sich an diesen versucht. Je nach „Überzeugungskraft" folgen die Führungskräfte deren Heils- und Erfolgsversprechen.

Die Unternehmen sind meist gut mit Organisationsartefakten bestückt. Dazu zählen, um nur einige zu nennen:

- Leitbilder, Werte, Grundsätze der Führung
- HR-Konzepte
- strategische Leitlinien

- Dienstleistungsgrundsätze
- Trainingsmaßnahmen
- Personalentwicklungsgrundsätze
- Beurteilungswesen
- Nachwuchsförderung
- Schulungskonzepte
- Strategiebesprechungen
- Anforderungsprofile
- Managementansätze wie etwa „Resilienz"
- Reste einer Balanced-Score-Card
- kontinuierliche Verbesserungsprogramme (KVP)
- Customer-Relations-Management (CRM)
- Besprechungs- oder Meeting-Management
- Stellenbeschreibungen, Auswahlverfahren wie Audits oder Assessment Center
- Talentmanagement, Workforce-Score-Card
- Six Sigma
- fraktale Organisation
- LEAN Management
- vernetztes Management
- Management-Matrix
- agiles Management
- Projekte, selbstreferenzielle, selbstlernende Organisation
- Zeitmanagement
- Zielvereinbarungen
- Projektmanagement
- und vieles mehr

Außerdem gesellen sich noch zahllose Modelle hinzu, die aus dem Umfeld der Psychologie und Psychotherapie übernommen werden, um nur einige zu nennen:

- Gruppendynamik
- Soziometrie
- Organisationsentwicklung
- Gesprächspsychotherapie (aktives Zuhören)
- Systemische Therapie (Kommunikationsmuster)
- Glaubenssätze aller Art
- Psychodrama (Rollenspiele)
- Gestalttherapie (Abgrenzung und Wahrnehmung)
- Verhaltenstherapie (Feedback)
- Transaktionsanalyse (innerpsychische Instanzen)
- inneres Team
- Aufstellungen
- Tiefenpsychologie
- 4-6-Ohren-Modell
- Hirnforschung
- Struktogramm
- NLP
- und vieles mehr

Die meisten dieser Ansätze halten grundlegenden erkenntnistheoretischen und betriebswirtschaftlichen Überprüfungen nicht stand. Viele Modelle sind nichts weiter als willkürlich zustande gekommene Mischformen. Ihre Protagonisten sind in der Beratung für die Führung eher nicht hilfreich.

Noch überflüssiger sind vermeintliche Forschungen zur Führung, in denen mit viel Aufwand und Verschwendung von Forschungsgeldern versucht wird, herauszufinden, welche Probleme z. B. Führungskräfte im mittleren Management haben. Als Basis werden dabei oft Studien heranzogen, deren tatsächliche Relevanz fragwürdig erscheint. Somit werden Sachaussagen getätigt, wo dies eigentlich nicht legitim ist.

Die Probleme werden dann offensichtlich, wenn die Führungskräfte sich öffnen. Dies schrieb Helmut Schelsky schon 1975 treffend in seinem gleichnamigen Werk „Die Arbeit tun die Anderen".[24]

Es ist auch nicht damit getan, die Führungsarbeit zu delegieren und/oder einen Etat zur Verfügung zu stellen und den Führungskräften freie Auswahl bei den Modellen, Coaches oder Trainern zu lassen. Insbesondere dann, wenn die Teilnehmer die Coaches oder (Verhaltens-)Trainings selber aussuchen, wird dies sehr deutlich. Sie wählen in der Regel das, was ihre Problemlage stabilisiert, nicht beseitigt. Es wird auch nicht besser, wenn „Human-Ressource-Manager" oder Personaler auswählen und festlegen, welche Themen zu bearbeiten sind. Die Führungskräfte sind gefragt, einen Überblick darüber zu haben, welche Kompetenzen in ihrem Unternehmen gefordert sind und wie diese gemanagt werden. Diese Aufgabe zu delegieren, kann tatsächlich strukturale Risiken im Unternehmen hervorrufen und hohe Kosten verursachen.

In einer schönen Analogie findet sich dieser Umstand auch in Goethes „Zauberlehrling" wieder. Dies insofern, als dass die Protagonisten der Beratungsbranche die Werkzeuge zwar besitzen, allerdings längst nicht mehr im Griff haben. In gewissem Sinne wird also wild mit Managementideologien und psychologischen Interventionen herumgefuchtelt, ohne dass die tatsächliche Beherrschung dieser Werkzeuge im Kontext jemals gegeben war oder ist.[25]

Und als ob das nicht reichen würde, sind zusätzlich die Führungskräfte längst nicht mehr die Gestalter der Führungsarbeit in den eigenen Unternehmen. In Analogie zum Zauberlehrling sind sie sozusagen wie der alte Hexenmeister seit einigen Jahren außer Haus. Waren ursprünglich die Führungskräfte diejenigen, die führten, reden jetzt seit dem Aufkommen der Führungslehren

Professoren fragwürdiger Speziallehrstühle und deren Absolventen, Institute, Lehreinrichtungen, HR-Abteilungen, Berater, Trainer, Coaches, Personaler, Stabsabteilungen etc. in das Geschäft der Führungskräfte hinein. Die Führungskräfte fühlen sich auf seltsame Art gleichzeitig belagert wie geschmeichelt.

Dieses seltsame Schauspiel wirkt häufig grotesk.

Es wird Zeit, diese zu einem großen Teil unproduktiven Stellen zu entmystifizieren, zu entlarven und wieder in kreative, produktive Tätigkeiten zu investieren. Nach den Banken und anderen Sektoren ist dies der große Kostenblock, den es zu reduzieren gilt. Den Führungskräften ist dabei zu helfen, die Arbeit, für die sie schließlich bezahlt werden, auch zu machen. Diese Arbeit ist es, das Unternehmen mit all seinen Mitarbeitern zu führen.

Diese unübersichtliche Anzahl an Meinungsgebern, fast wie ein Hofstaat anmutend, versperrt die klare Sicht, lenkt von der wesentlichen Arbeit ab, verhindert die Übernahme von Verantwortung, nährt narzisstische Tendenzen der Führungskräfte und lässt ungeeignete Führungskräfte unter dem Radar fliegen. Die Unternehmensführung ist nur wirksam, wenn die Führungskräfte die dazugehörigen Elemente selbst am besten beherrschen. Die Aufsichtsgremien haben das zu prüfen und die geforderten Kompetenzen selbst festzulegen. Sie sollten keinen Persönlichkeitstests vertrauen, wie etwa den sogenannten „Big Five" oder sonstigen Kategorisierungsversuchen.

Es ist unbedingte Voraussetzung, dass die Führungskräfte die Elemente für ihre eigene Führung auch selbst erarbeiten, verstehen und anwenden können. Hier geht es um die tiefen und nachhaltig wirksamen Prozesse und die Beantwortung der entscheidenden, wesentlichen Fragen. Nur aus diesen Antworten kann dann die Unternehmensführung operationalisiert werden. Wenn dies nicht geschieht, verharren die Führungskräfte in einer Abhängigkeitssituation, die nicht selten jener zwischen einem Abhängigen, seiner Droge und dem Dealer ähnelt. Oder auch jener Situation, die bereits Immanuel Kant 1784 in seinem Aufsatz „Was ist Aufklärung?" artikuliert hat.[26]

> „Aufklärung ist der Ausgang des Menschen aus seiner selbst verschuldeten Unmündigkeit. Unmündigkeit ist das Unvermögen, sich seines Verstandes ohne Leitung eines anderen zu bedienen. Selbstverschuldet ist diese Unmündigkeit, wenn die Ursache derselben nicht am Mangel des Verstandes, sondern der Entschließung und des Mutes liegt, sich seiner ohne Leitung eines anderen zu bedienen. Sapere aude! Habe Mut dich deines eigenen Verstandes zu bedienen! ist also der Wahlspruch der Aufklärung."

Fragen wie „Was bitte ist denn nun die aktuellste, richtigste und effektivste Führungslehre?" oder „Welches ist das beste Managementmodell?" sind nicht weniger als die Symptomatik einer bis in die Tiefe pathologischen Struktur. In dieser Struktur werden eigentlich künstlich geschaffene Abhängigkeitssituationen mit nicht minder artifiziellen, vermeintlichen Lösungen nicht bearbeitet, sondern tatsächlich weiter befeuert. Hier stehen am Markt Verlage, „Wirtschaftsredakteure“, Unternehmensberater, Institute und alle sonst nur erdenklichen Institutionen in Konkurrenz, um diese pathologische Struktur zu bedienen.

Dadurch, dass sich die Betriebswirtschaft in ihrer Entwicklung – analog zur Entwicklung anderer Wissenschaften – zusehends in den einzelnen Fachbereichen spezialisiert hat und Expertisen entwickelt, läuft sie Gefahr, die darüber liegende, wesentliche Ordnung aus dem Blick zu verlieren. Diese Ordnung ist der Unternehmenserfolg und die Unternehmensgesundheit.

ARBEITS- UND WIRKUNGSWEISE DER FÜHRUNGS-DUE-DILIGENCE

Die *Führungs-Due-Diligence©* prüft die in der Unternehmensführung liegenden, Führungsgleichen Instrumente beständig auf ihre Funktion, ihre Akzeptanz und ihre strategische Wirksamkeit. Dabei ist zu berücksichtigen, dass die Strategie selbst ein führungsgleiches Instrument ist. Außerdem findet eine regelmäßige Überarbeitung und Aktualisierung der führungsgleichen Instrumente statt. Das führt auf allen Unternehmensebenen zur gewünschten Orientierung. Dies bedeutet, dass ein Unternehmen auf individueller, funktionaler und emotionaler Ebene allen relevanten Bezugspersonen Orientierung gibt. Auf dieser Basis kann dann (Führungs-) Personal ausgewählt, entwickelt und letztlich neben der Leistungsbemessung das (Führungs-) Verhalten beurteilt werden.

Die Verbindung und der Ausgleich zwischen unterschiedlichen Fachgebieten (Corporate Governance, Finance, Personal, Marketing, Produktion, Entwicklung etc.) reichen alleine als Orientierung nicht aus. Dies wäre nur ein Nebeneinanderlegen der einzelnen Stücke. Die Führung hat aber alle Teile zu führen. Es braucht eine Person, die etwas erzeugt, das alle Fachgebiete zusammenführt und strategisch zum Nutzen des Unternehmens ausrichtet. Dieses etwas sind in der *Führungs-Due-Diligence*© die Führungsgleichen Instrumente. Diese kommen nur zur Wirkung, wenn Verantwortungen eindeutig geklärt sind.

Denken Sie z. B. an die Behandlungssituation im modernen Medizinwesen. Aus der Fragmentierung in Teildisziplinen entsteht eine Situation, in der niemand für den Patienten verantwortlich ist. Dieser ist so lange selbst für seine Gesundheit verantwortlich, bis er krank wird. In diesem Moment wird er vom selbstverantwortlichen Menschen zum Patienten.[27]

So bildet sich das auch in der Führung ab. Die Mitarbeiter sind selbstverantwortlich, aber ohne ausreichende Orientierung durch die Führung. Wenn es dann schiefläuft, oder gerne auch vorher, werden Sie zu Humanressourcen und Kostenfaktoren.

Die Lösung darf auf keinen Fall in systemischen Interventionen, schwarmintelligenten oder hochkomplexen systemtheoretischen, mehrfach vernetzten Rückkopplungsmodellen oder in der Verlegung markttheoretischer Prinzipien in das Unternehmen gesucht werden. Die Lösung ist eine klare Definition von Verantwortung. Kurz gefasst ist ein Subjekt für ein Objekt vor einer Instanz in einem Wertesystem verantwortlich. Die Verantwortungslosigkeit, die häufig durch die Verlegung auf Kollektive bzw. auf Abläufe bis hin zur Unkenntlichkeit fast verschwindet, wird dann durch systemtheoretische oder systemische Modelle in vollständig unüberschaubare Konstrukte überführt und psychologisiert. Durch diese Fragmentierung und Verkomplizierung gehen Unternehmen große Risiken ein. Sie setzen sich damit unnötigen Gefahren aus. Sie begeben sich in Abhängigkeit gegenüber unzureichend qualifizierten Beratern. So entsteht in Unternehmen eine Gefahr, da die Entscheidungsfähigkeit gehemmt wird. Der Schlüssel liegt in der richtigen Zuordnung und Etablierung von Verantwortungsstrukturen. Die Verantwortung dafür zu übernehmen, dass geführt wird, ist bereits Führung. In dem Moment, da ich Verantwortung übernehme und selbstreflektiert entscheide, wie geführt wird, ist es weder eine „Diktatur" noch eine Laissez-Faire-Situation. Das Wesentliche ist, dass selbst überlegt wird, wie geführt wird.

Ein Führungsmodell auszuwählen ist der falsche Weg, denn es nimmt die Beantwortung der wesentlichen Fragen vorweg. Führung beginnt damit, dass man sich die wesentlichen Fragen für den eigenen Führungskontext selbst stellt und dann beantwortet. Diese Fragen können auch schrittweise in kooperativen und interaktiven Prozessen beantwortet werden. Das Übernehmen von

Verantwortung – und damit das Etablieren einer Zuordnungsstruktur – ist Grundvoraussetzung für die Führung.

Mit dem Hereinholen einer Führungsidee bzw. eines Modells würde die Verantwortlichkeit abgewälzt. Wenn man sich die wesentlichen Fragen selbst beantwortet, lernt man Führung und kann auch anderen die führungsrelevanten Fragen beantworten. Nur wenige Führungskräfte weisen den Mut auf, sich im Kant'schen Sinne ihres eigenen Verstandes zu bedienen. Die Reste dieser Mutlosigkeit finden sich in Form von Artefakten der vorherigen Modelle in „größeren" Unternehmen in den unterschiedlichen Formen und Bereichen wieder. Manche Unternehmen verweigern sich dem Thema sogar gänzlich.

Gute Unternehmensführung kann mit wenigen Handgriffen und guten Überlegungen erreicht werden. Voraussetzung ist die ungeteilte Verantwortung der Führungskräfte für alle Aspekte der Führungsarbeit im eigenen Unternehmen, beginnend mit dem Hauptverantwortlichen. Dabei ist die Herangehensweise in der Beratung ohne ein starres Modell tatsächlich herausfordernder und verlangt einen Berater, der in vielfacher Weise ausgebildet und qualifiziert ist.

Die Internalisierung von Werten und Normen und damit auch von Kompetenzen erfolgt stets ausschließlich über soziale Prozesse.[28] Wenn also die Voraussetzungen für eine gute Unternehmensführung selbst und aktiv entwickelt wurden, lassen sich auch die Menschen qualifiziert einzeln, in Gruppen und als Organisation führen. So wird eine fundierte Aussage über deren Leistung, Qualifikation und Kompetenz überhaupt erst möglich.

Wer jetzt den Eindruck hat, bei Führungsgleichen Instrumenten handle es sich nur um rein technische Aspekte der Führung, sollte wissen, dass alle Sozialkompetenzen (aktives Zuhören, Empathie, Problemlösungsfähigkeiten etc.) als Anforderungen in Führungsgleichen Instrumenten angelegt sind und über Personalentwicklung, Trainings und andere Maßnahmen zur Wirkung kommen.

Zusammengefasst: Die führungsgleichen Instrumente sind von der Unternehmensführung selbst zu entwickeln und zu etablieren. Es reicht nicht, diese einzeln für sich stehen zu lassen, sondern sie sind von Anfang an vernetzt zu denken und in ihrem Zusammenwirken zu überblicken. Wird dies nicht berücksichtigt, gelangen die Verantwortungsträger in eine missliche Lage, in der sie letztlich nicht mehr selbst entscheiden. Die Lösung für diese Problematik liegt zuerst in einer klaren Zuweisung von Verantwortung. Ist die Verantwortungslage klar und etabliert, so ist die Unternehmensführung auch ungleich effektiver und stabiler.

SINN UND ORIENTIERUNG IN DER UNTERNEHMENSFÜHRUNG

Menschen, also auch Mitarbeiter und Führungskräfte, benötigen für ihr Handeln einen Sinn. Dieser kann nur von den Verantwortlichen in der Unternehmensführung in Bezug auf das Unternehmen selbst geliefert werden. Liefern sie diesen Sinn nicht, werden sich die Menschen die Gründe für ihr Verhalten aus sich selbst holen oder in Gruppen informell festlegen. Oder aber sie werden anfällig für andere Sinnvermittler. Dadurch wird das Verhalten auf der Grundlage eigener Plausibilitäten gerechtfertigt. Es führt zu nicht kalkulierbaren Verhaltensrisiken für das Unternehmen. Es entsteht ein unüberblickbarer Raum von individuellen Plausibilitäten für die Einschätzung der jeweiligen Lage.

Erfolgreiche Führung beteiligt Mitarbeiter bei der Erarbeitung der Orientierung aktiv. Der Prozess der Mit-

> „WER SICH SEINE HANDLUNGEN SELBSTÄNDIG IM SINNE DES UNTERMNEHMENS ERSCHLIESSEN KANN, BRAUCHT NUR WENIG DIREKTE FÜHRUNG…"

wirkung führt dann zur gewünschten Orientierung. Der Sinn kann von der Unternehmensführung geliefert werden, nicht in Form eines Ausrufens des Sinns für den einzelnen Mitarbeiter, sondern durch die Schaffung einer Struktur, die Mitarbeitern sowohl Entfaltungsmöglichkeiten als auch Verantwortlichkeiten zuschreibt. Der Grad der Mitwirkung führt direkt zum Grad der erwünschten Selbstverantwortung und Selbstorganisationsdisposition. Dies bestimmt direkt die Leistungsfähigkeit der einzelnen Mitarbeiter und des Unternehmens als Ganzes. An dieser Stelle wird auch deutlich, dass dies ohne die angesprochenen Sozialkompetenzen nicht möglich ist.

Die Prozesse und Delegationsgrade festzulegen, ist Aufgabe der Unternehmensführung. Das Ergebnis sind die Leistungen, die im Unternehmen zu erbringen sind, um am Markt erfolgreich zu sein.

LÖSUNGSANSATZ

Zu Überprüfen sind die im Unternehmen angewandten führungsgleichen Instrumente unter anderem auf Praktikabilität, strategische Relevanz und Nachvollziehbarkeit. Über diese wird auch die Qualität der tiefen Prozesse ermittelt. Daraus werden die individuellen Vorstellungen der Führungskräfte in der Unternehmensführung herausgearbeitet. Die Instrumente der Unternehmensführung werden dann auf deren Brauchbarkeit zur Unterstützung der Unternehmensstrategie und der Unternehmensziele hin überprüft. Es wird eine Strategie-Ziel-Wirkungsmatrix erstellt.

Bei der Implementierung eines Lösungsansatzes auf Basis der *Führungs-Due-Diligence©* gibt es, neben der Strategie und den anderen Führungsgleichen Instrumenten, drei unverzichtbare Elemente:

- Verantwortung und Struktur
- Qualifikation und Kompetenzen
- Abläufe und tiefe Prozesse.

Ohne Klärung bzw. Überprüfung dieser ist ein weiteres Vorgehen nicht empfehlenswert.

In einem induktiven Verfahren wird der Status Quo dieser Elemente zunächst erfasst. Im nächsten Schritt wird deduktiv aus der Unternehmensstrategie abgeleitet, wie diese Elemente innerhalb des Unternehmens zu gestalten sind. Daraus wird ein Delta ermittelt, das die Situation in concreto abbildet. Die Prädispositionen werden herausgearbeitet und die Kompetenzen ermittelt, die in der aktuellen Situation verlangt sind. In der Folge werden unter anderem die strategisch relevanten Kompetenzen und andere Führungsgleiche Instrumente definiert.

METHODISCHES VORGEHEN

In der Praxis läuft dies methodisch wie folgt ab:[29]

1. In Einzelarbeit wird zunächst mit dem Top-Management gearbeitet. Es finden Interviews und Strategieworkshops statt, in denen die aktuelle Situation im Unternehmen analysiert und Problemlagen erörtert werden.

2. Es wird ein Führungskräftetraining abgehalten, zu dem in der Folge auch Führungskräfte der mittleren Ebene hinzugezogen werden können. Zielsetzung ist es, die Problemstruktur in der Tiefe zu erschließen und gleichzeitig bereits die Führungskompetenzen zu erweitern.

3. Die Ergebnisse der ersten Phase und der zweiten Phase werden personenunabhängig ausgewertet und zugeordnet.

4. Es kommt zu einer Klärung der Führungsgleichen Instrumente anhand der strategischen Ausrichtung. Diese wird zuvor überprüft.

5. Auf Basis der Ergebnisse der Analyse werden gemeinsam Maßnahmen festgelegt

Durch die aktive Mitarbeit der beteiligten Führungskräfte werden von Beginn an der instrumentelle und der persönliche Aspekt der Unternehmensführung einerseits verbessert und andererseits die Kompetenzen der Führungskräfte im strategisch relevanten Bereich erweitert.

Zentraler Aspekt der *Führungs-Due-Diligence©* ist, dass die Verantwortlichkeit bei der Unternehmensführung bleibt. Analog dazu wird ein Bewusstsein dafür entwickelt, dass das unreflektierte Übernehmen von Führungslehren, egal welcher Art, keine Verbesserungen erzielen wird. Dies gleicht einer Impfung. Es braucht ein Verständnis um die Methode der Unternehmensführung, die Spezifika des Unternehmens, der involvierten Personen und deren Dispositionen. So wird eine tatsächliche Resilienz erzeugt, die das Unternehmen und alle in ihm tätigen Personen langfristig stabilisiert und stärkt.

FAZIT UND AUSBLICK

Ein zentrales Problem, das viele Unternehmen und Unternehmer in der richtigen Analyse und Beantwortung von Herausforderungen begleitet, ist bereits in der Prädisposition bei der Betrachtung angelegt. Weder die Geschäftsführung noch die Mitarbeiter können die notwendige Außenposition zur Selbstbetrachtung ohne Anleitung einnehmen. Dies verhindert schon vorab, dass diese erkennen, ob das jeweilige Unternehmen richtig geführt wird. Dabei handelt es sich nicht um eine Unzulänglichkeit der Personen. Vielmehr ergibt es sich aus der systemimmanenten Position der Akteure: Durch die Involvierung in die Prozesse wird es unmöglich, diese ausreichend kritisch zu beurteilen. Denn die eigenen Prädispositionen sind nur teilweise bewusst. Die *Führungs-Due-Diligence©* kann an diesem Punkt als eine

„DIE OFFENE, KRITISCHE SELBSTREFLEXION UND DAS EINHOLEN VON ANDEREN SICHTWEISEN IST DAS TAPFERE UND WIRKUNGSVOLLSTE FORMAT ZUR ÜBERPRÜFUNG DES EIGENEN FÜHRUNGSVERHALTENS. ALLES ANDERE PASST NICHT ZU EINER VERANTWORTUNGSVOLLEN FÜHRUNGSKRAFT."

Sammlung von Methoden und Prinzipien verstanden werden, die der Unternehmensführung eine zweckmäßige Selbstüberprüfung abverlangen, aus der heraus die erforderlichen Maßnahmen abgeleitet werden können. Und zwar nicht nur singulär, sondern tatsächlich nachhaltig und reproduzierbar.

Bei der Bearbeitung von Problemen in vielen gängigen Managementmodellen ist die Delegation von Verantwortlichkeiten ein wesentlicher Aspekt. Die Delegation der eigenen Führungsverantwortung ist ihrer Natur nach eigentlich unzulässig. Hierbei ist neben der Delegation von Führungsverantwortung nach innen auch die Delegation nach außen gefährlich. Insbesondere dann, wenn die Berater nichts Gutes im Schilde führen, weil Sie z. B. Ihre Protagonisten in Unternehmen als Führungskräfte unterbringen wollen, um so ein Netzwerk und Machtstrukturen zu schaffen, die den einzelnen Unternehmen letztlich schaden.

In einer Analogie der Geschichte, wenn sie sich denn so zugetragen hat, erinnert dies an den Hof von Versailles, der letztlich an den Machtstrukturen und der eigenen Ignoranz scheiterte. Was Louis XIV zur Führung seines Landes perfektioniert hatte – die Entmachtung der Herzöge und des Adels – hat gleichzeitig den eigenen Untergang eingeleitet. Der Adel war in Teilen zu affektierten, dem Esprit sich hingebenden, apolitischen, nur mittelmäßig zukunftsorientiert ausgebildeten Kulturträgern und Darstellern degeneriert. Die Bourgeoisie übernahm die Macht und ließ die Massen für sich kämpfen. Die Leibärzte von Louis XIV sind gute Beispiele dafür, wie Berater eine schädigende Rolle einnehmen können; sowohl auf individueller, als auch auf struktureller Ebene.[30]

Francois Quesnay war es, der Louis XV empfahl, genau jene als neutral zu bezeichnen, die den größten Schaden verursachten. Er erdachte sich überdies ein bis heute aus keinem Lehrbuch mehr wegzudenkendes, am Blutkreislauf orientiertes Modell der Volkswirtschaft, nämlich den Wirtschaftskreislauf. Beides, bis heute ihr Unwesen treibende Lehren, die eher dem Phänomen „Spinat hat Eisen" gleichen.[31/32]

Die Führung beginnt sich besonders in dem Moment selbst zu schaden, da Politik und Mikropolitik in die Unternehmensführung Einzug halten. Dementsprechend ist es schwierig in Unternehmen strukturelle Verbesserungen zu erzielen, wenn ein Netzwerk aus politischen Partikularinteressen besteht, in das die Führung selbst verstrickt ist.

Dies ist im Wesentlichen eine weitere Form der Abhängigkeit, die einem Unternehmen und seinen Stakeholdern letztlich langfristig schadet. Damit kann es durchaus auch als eine gesellschaftliche Aufgabe betrachtet werden, ein Programm, wie das hier vorgestellte, zu etablieren und auch mitzutragen. Die Due-Diligence-Prüfung muss dabei eine unabhängige Position einnehmen. Diese hat auf derselben Ebene zu liegen, wie die der Zentralbanken. Dabei ist sie allerdings noch besser vor Machtmissbrauch zu schützen als diese. Parallel dazu sind die Anwender der *Führungs-Due-Diligence©* im Prozess der Anwendung auszubilden und kontinuierlich zu supervisieren.

Das im vorliegenden Text vorgestellte Konzept der *Führungs-Due-Diligence©* versteht sich nicht als eine Neuerfindung oder Revolution im Bereich der Managementlehren. Auch handelt es sich bei dem Konzept nicht um ein Aushöhlen und Unterminieren bestehender Methoden. Vielmehr kann die *Führungs-Due-Diligence©* als ein Aufruf verstanden werden, in der Unternehmensführung eine Rückbesinnung auf die eigentliche Führungsarbeit zu erzielen. Die Anforderungen an die eigentliche Führungsarbeit sind vielschichtig und richten sich nach dem jeweiligen Unternehmen. Sie lassen sich somit nicht durch eine bloße Übernahme eines Konzeptes erfüllen, sondern müssen durch Kompetenzen, Strategien, Führungsgleiche Instrumente etc. adäquat erfüllt werden.

In Abgrenzung zu anderen Konzepten, Managementmethoden und Führungslehren, ist die *Führungs-Due-Diligence©* schon bereits in ihrer fundamentalen Ausrichtung kein statisches Konzept, das erlernt, erworben und dann angewandt werden kann, sondern vielmehr ein System, das entwickelt werden muss. Berater der *Führungs-Due-Diligence©* brauchen regelmäßige Schulung und Übung, ein Prozess der tatsächlich noch aufwendiger ist als das Internalisieren einer bestehenden Lehrmethode. Die *Führungs-Due-Diligence©* kann in vielen unterschiedlichen Umgebungen und Zusammenhängen zielführend angewandt werden.

Ist die *Führungs-Due-Diligence©* einmal entwickelt und im Unternehmen etabliert, so hat sie in der Regel auch nachhaltig Bestand und überträgt sich durch ihre Anwendung auf Mitarbeiter, Nachfolger und andere Akteure. Durch den Prozess der Entwicklung und

Weiterentwicklung wird die *Führungs-Due-Diligence©* internalisiert. Und zwar sowohl auf individueller, als auch auf struktureller Ebene im Unternehmen.

Nicht zuletzt meine jahrzehntelange Erfahrung in der Beratung von Unternehmensführungen hat verdeutlicht, dass die Schieflagen und Probleme in den Unternehmen in der Regel in Fehlkonfigurationen im Hinblick auf die wesentlichen Aspekte, im Sinne des wesentlichen Denkens, zu suchen sind und Universallösungen, also auch aufoktroyierte Managementlehren, allerhöchstens zufällige Verbesserungen erwirken. Die *Führungs-Due-Diligence©* ist hier ein Gegenentwurf, der als moderne Variante des aufklärerischen „sapere aude!“ verstanden werden kann.

Seit Kant wurde in den folgenden 200 Jahren Forschungsgeschichte weiter untersucht, wie menschliche Emotionen, gruppendynamische Prozesse, betriebswirtschaftliche Erkenntnisse sowie die Funktionsweise des Verstandes und des Gehirns unser Verhalten ausrichten.

Wer eine *Führungs-Due-Diligence©* etabliert, der berücksichtigt sowohl die Erkenntnisse des wesentlichen Denkens, als auch die des empirischen Denkens. Die Unternehmensführung wird so gestärkt, auf die Zukunft ausgerichtet, transparent, nachvollziehbar und sorgt für hohe Akzeptanz bei Mitarbeitern, Kunden und allen anderen Stakeholdern.

ENDNOTEN

1 In Josepf Ratzinger: Einführung in das Christentum, 5. Auflage, Verlag Kösel, 2005

2 In David Frankels Film wird schön gezeigt, wie wir uns zwar gut darauf verstehen uns schön zu kleiden, letztlich aber doch hässlich zu einander sind.

3 Vgl. http://wirtschaftslexikon.gabler.de/Definition/risiko.html

4 Vgl. http://wirtschaftslexikon.gabler.de/Definition/management.html

5 Vgl. Friedrich Kluge: Etymologisches Wörterbuch der Deutschen Sprache. 24. Auflage De Gruyter, Berlin 2002, 767

6 Vgl. Hans Jörg Sandkühler (Hg.): Enzyklopädie Philosophie. Band 2. Felix Meiner Verlag, Hamburg 1999, S. 1683–1686.

7 Vgl. dazu auch Robert Kasper: Ethik und Unternehmenserfolg. Abaeus Verlag für Sozialwissenschaften und Führung, Köln, 2017.

8 Vgl. Max Weber: Politik als Beruf, in: Gesammelte Politische Schriften, hrsg. von J. Winckelmann, 5. Auflage Mohr Siebeck, Tübingen 1988, 551–552

9 Hans Jonas: Das Prinzip Verantwortung: Versuch einer Ethik für die technologische Zivilisation. Suhrkamp, Frankfurt am Main 2003.

10 Vgl. dazu http://www.handelsblatt.com/unternehmen/handel-konsumgueter/flughafen-berlin-sieben-todsuenden-machten-ber-zum-desaster/6724430.html

11 Joseph Kardinal Ratzinger (später Benedikt XVI) verweist auch auf dieses Phänomen. Vgl. Joseph Ratzinger: Werte in Zeiten des Umbruchs. Herder, Freiburg 2005.

12 Vgl. Aristoteles: Nikomachische Ethik. Deutscher Taschenbuchverlag, München 1984. Übersetzt von Olof Gigon.

13 Damit ist gemeint, dass in dem Moment, da die Unternehmensführung beginnt an ihrem Handeln und Verhalten zu arbeiten, bereits ein neues Verhalten und Handeln entsteht.

14 Vgl. Norbert Elias: Engagement und Distanzierung. 2. Auflage. Suhrkamp, Berlin 1983.

15 Vgl. Edgar Allan Poe „Hinab in den Maelström". http://gutenberg.spiegel.de/buch/hinab-in-den-maelstrom-2272/1

16 Vgl. Gabriel, Markus. Warum es die Welt nicht gibt. Ullstein Taschenbuch Verlag, Berlin 2015.

17 Vgl. Einleitung zu: Günter Wöhe: Einführung in Die Allgemeine Betriebswirtschaftslehre. Vahlen, München 1993.

18 Es scheint mir an dieser Stelle zur Ehrenrettung von Dr. Wöhe angezeigt, dass zunehmend Menschen der schreibenden Zunft und andere, nicht ausgebildete Betriebswirte, ihn wegen seiner Arbeit kritisieren. Die klassische Betriebswirtschaftslehre und das darauf beruhende Wissen, hat Dr. Wöhe gut zusammengefasst. Dieses Wissen ist auch bis heute noch für die Unternehmensführung relevant. Dass dies alleine zukünftig nicht mehr reicht hat er selbst gewusst. Deshalb ist meines Erachtens Kritik an seinen Thesen dahingehend, wie sie aktuell verstärkt geäußert wird, nicht angebracht.

19 Vortrag am Seminar für Betriebssoziologie an der technischen Hochschule Köln, 1983.

20 WHO SHALL SURVIVE, Verlag: Beacon House (November 1977)

21 Vgl. dazu auch Robert Kasper: Das Menschenbild in der Unternehmensführung. Abaeus Verlag für Sozialwissenschaften und Führung, Köln, 2017.

22 Vgl. Fritz Jules Roethlisberger, William J. Dickson, Harold A. Wright (Designer): Management and the Worker. An Account of a Research Program Conducted by the Western Electric Company. Hawthorne Works, Chicago (1939). 14. Auflage: Harvard University Press, Cambridge, MA 1966.

23 Vgl. Max Weber: Wirtschaft und Gesellschaft. Grundriss der verstehenden Soziologie. Mit textkritischen Erläuterungen hrsg. von Johannes Winckelmann, 5., rev. Aufl., Mohr, Tübingen 1976.

24 Helmut Schelsky: Die Arbeit tun die anderen. Klassenkampf und Priesterherrschaft der Intellektuellen (1975, erweiterte 3. Auflage 1977)

25 Vgl. Johann Wolfgang von Goethe: Der Zauberlehrling. Abrufbar unter https://de.wikisource.org/wiki/Der_Zauberlehrling_(1827)

26 Immanuel Kant: Beantwortung der Frage: Was ist Aufklärung? In: Berlinische Monatsschrift, 1784, H. 12, S. 481–494.

27 Erving Goffmann: Asylums: Essays on the Social Situation of Mental Patients and Other Inmates. Anchor Books, Garden City, N. Y. 1961.

28 Vgl. Jakobus Wössner: Was ist Soziologie? Verlag für Geschichte u. Politik, Wien 1973.

29 Dieses Beispiel richtet sich nach einem möglichen Vorgehen für ein international aktives Unternehmen mit 300–1500 Mitarbeitern.

30 Zur Leidensgeschichte von Louis XIV vergleiche: http://www.deutschlandfunk.de/medizingeschichte-ich-stinke-also-bin-ich.709.de.html?dram:article_id=273392

31 http://www.spiegel.de/wissenschaft/mensch/hartnaeckige-irrtuemer-mythen-an-die-selbst-mediziner-glauben-a-525056.html

32 Vgl. http://www.zeit.de/stimmts/1997/1997_41_stimmts

Notizen

ÜBER DEN AUTOR

ROBERT KASPER ist Begründer der humanistischen Betriebswirtschaftslehre und seit 1981 als Unternehmensberater tätig, er hat wesentliche Beiträge zur Weiterentwicklung anwendungsorientierter wissenschaftlicher Erkenntnisse im Bereich moderner Unternehmensführung geleistet. Er entwickelt praxisorietierte Verfahren und Methoden. In seiner Arbeit vereint er die betriebswirtschaftlichen Aspekte der Unternehmensführung mit der Psychologie der menschlichen Zusammenarbeit. Damit erreicht er einen Zugang, der sich klar von der Arbeitsweise anderer Beratungsunternehmen abgrenzt, indem er diese Dualität anerkennt, wertschätzt und verbindet. Als weiteren Bestandteil integriert er die Ethik der Unternehmensführung und hat hierzu ein besonderes Verfahren entwickelt. In der Bearbeitung dieser drei wesentlichen Aspekte liegt der zentrale Schlüssel zur Stärkung von Unternehmen.

Robert Kasper studierte Wirtschaftswissenschaften, Personalentwicklung und Unternehmensführung in Deutschland, Psychologie in England, General Management in den USA und Psychotherapie in Österreich. Außerdem absolvierte er eine Ausbildung zum Psychodramaleiter und Psychodramatherapeut und betreibt eine Privatpraxis für Psychotherapie.

Mit seiner Beratungstätigkeit richtet er sich an Unternehmensführungen und Unternehmen. Diese unterstützt er bei der Zusammenführung verschiedener Unternehmenskulturen, beim Aufbau stabiler Führungsstrukturen, bei der Führung von Mitarbeitern und Vorstandsgremien sowie beim Veränderungs-, Projekt- und Kompetenzmanagement. Dabei kommen Formate wie Trainings, Workshops, Prozessberatung und Einzelberatung (Coaching) zum Einsatz.

Zentral in der Arbeit sind die Fragestellungen **wie**: Was wollen wir erreichen? Wie kommen wir dahin? Und wie erreichen wir gemeinsame Ziele in bestmöglicher Kooperation? In seiner Arbeit ist Robert Kasper direkt, einfühlsam, freundschaftlich, zugewandt und konsequent. Dabei geht ihm seine freundliche Gelassenheit hilfreich zur Hand.